数码摄影
电脑创意

彭波 彭浩 彭香忠 著

U0125000

福建科学技术出版社
FUJIAN SCIENCE & TECHNOLOGY PUBLISHING HOUSE

图书在版编目（CIP）数据

数码摄影电脑创意/彭波，彭浩，彭香忠著．—福州：
福建科学技术出版社，2008.1
ISBN 978-7-5335-3067-9

Ⅰ．数… Ⅱ．①彭…②彭…③彭… Ⅲ．①数字照相机—
摄影技术②图像处理—基本知识 Ⅳ．TB86 TP391.41

中国版本图书馆 CIP 数据核字（2007）第 142390 号

书　　名	**数码摄影电脑创意**
作　　者	彭波　彭浩　彭香忠
出版发行	福建科学技术出版社（福州市东水路 76 号，邮编 350001）
网　　址	www.fjstp.com
经　　销	各地新华书店
排　　版	视觉 21 设计工作室
印　　刷	福州德安彩色印刷有限公司
开　　本	889 毫米×1194 毫米　1/24
印　　张	6
图　　文	144
版　　次	2008 年 1 月第 1 版
印　　次	2008 年 1 月第 1 次印刷
印　　数	1—4 000
书　　号	ISBN 978-7-5335-3067-9
定　　价	28.00 元

书中如有印装质量问题，可直接向本社调换

彭 波

贵州师范大学美术学院副教授。

1992年毕业于贵州师范大学美术系设计专业，

主要从事平面设计及设计摄影、美术史论教学工作。

现为中国摄影家协会会员，贵州省摄影家协会副主席，贵州省高校摄影学会副会长，

贵州省美术家协会设计艺术委员会副秘书长。

作品多次参加国内外影展、影赛并获奖。

1997年，作品《矿上的弟兄们》荣获第18届全国摄影艺术大展暗房技法类金奖。

2001年，作品《蜕变》获第10届全国人像摄影艺术展览电脑制作类金奖。

2002年，作品《奠基者》获第9届"亚洲风采"数码影像类三等奖。

2002年，作品《自由·禁锢》获上海第6届国际摄影艺术展览电子影像类优秀奖。

2003年，作品《树的记忆》、《手的性格》获第10届"亚洲风采"数码影像类三等奖。

2004年，作品《家乡的人们》获第11届"亚洲风采"华人摄影艺术展人与自然类金奖。

2004年，作品《手的创造》获第21届全国摄影艺术大展数字影像类银奖及最佳数字创意奖。

2004年，作品《蜕变》获贵州省政府文艺奖。

2005年，作品《Taoist Priest（道士）》获第4届奥地利超级摄影特别专题巡回展金牌奖。

设计作品入编《中国西南设计年鉴》、《中国设计年鉴》。

彭 浩

《商品评介》杂志社美术编辑、摄影记者。1992年毕业于贵州师范大学美术系，1995年以来在贵州大学艺术学院设计系广告摄影专业兼任摄影课专业教师，开设摄影基础、设计摄影、广告摄影等课程。

1998年，被评为《中国摄影》杂志柯达专业反转片优秀摄影师提名奖。

1999年，作品《梦幻家园》获第6届"亚洲风采"华人摄影比赛创意类一等奖。

2000年，作品《陌生》入选第5届上海国际影展。

2001年，作品《石板魂》获贵州省政府文艺奖。

2001年，作品《石板魂》获第8届亚洲风采华人摄影比赛数码影像类一等奖。

2001年，被中国艺术摄影学会评为摄影英才，并获"盛世群星"称号。

在设计中运用摄影的手法，在摄影中运用设计的手法，形成了自己独特的风格。设计了一批有代表性的创意广告作品和设计摄影作品，在全国和省内多次获奖。

彭香忠

贵州师范大学美术系教授，贵州省省管专家，贵州艺术摄影学会会长，中国摄影家协会会员，美国摄影学会会员，贵州美术家协会会员。摄影作品、美术作品在国内外多次获奖，摄影作品获国际奖26次，其中国际金奖3次、国际影艺联盟FLAP银奖2次。

1996年，荣获第3届中国摄影艺术"金像奖"（国家级奖）。

2002年，荣获"凤凰光学"摄影教育"红烛奖"。

2004年，荣获中国摄影教育"重大贡献奖"（省部级）。

2005年，荣获贵州省高等教育省级教学成果二等奖。

长期从事美术教育、摄影教育，注重教学与科研相结合，在拍摄技法、光画摄影方面独具特色，在国内外被称为"光怪摄影家"。

在我们身边，有许多摄影爱好者经过了入门阶段的实践，他们不但在拍摄前期有自己的创作思想、创作主题，而且希望在后期的计算机处理过程中可以将自己的一些设计理念、设计语言、设计思想更好地运用到数码影像中，从而再创造出一件完美的作品。

面对计算机图形处理优势的诱惑，很多摄影爱好者已经开始从事这样的试验，然而，并不是任何人都能对摄影创意有一个比较恰当的理解。他们在大量运用计算机进行影像创意的同时，并没有意识到计算机只是一个工具，而好作品的产生需要的仍然是大脑思维的创新。就如同艺术界发起的新媒体和观念艺术一样，摄影也面临着新思维的冲击。本书的编写就是想通过作者多年来的创作经历和创作思维方式，来引导摄影爱好者进入创意思维的空间。

本书的第一、二章阐述了创意的概念与创意的方法。第三章从最基本的色彩调整入手，让摄影爱好者由浅入深地学习。第四章通过剖析各种技法，让摄影爱好者体会到技法和作品主题之间的关系，明确技法是为主题服务的。第五章是本书的重点，介绍如何合情合理，既有创新而又不显牵强地利用各种素材创造出主题突出、内涵丰富的作品。第六章通过组照的形式，让摄影爱好者了解系列作品的创作规律，以及同一个主题的不同表达方式，这一点在摄影创意里也是非常重要的，它能够训练初学者在创作中寻找表达主题的多种可能性，这也是我们编写这本书的初衷和在教学中倡导的原则。

书中我们对每一幅作品都详细地介绍了其制作步骤，希望能够帮助摄影爱好者掌握软件的操作方法，做到眼到手到。我们还希望读者在看这本书的时候，不要只是按部就班地模仿，而是能够在这个基础上发挥自己的创造能力，创作出属于自己的作品。

收入书中的作品都是这几年我们创作的，其中大部分曾入选或获奖于国内外影展、影赛，通过对这些作品的分析，希望能让数码摄影爱好者得到一定的启发。

生活是丰富多彩的，数字技术的发展及其与摄影的结合，使摄影获得了一次前所未有的创新机会。摄影创意要求的不仅仅是你拍摄了什么，更重要的是你表达了什么，怎样使你的个性得到张扬。这种张扬过程其实就是传达与表现：通过传达把自己对客观世界的认识用一定的方式体现出来；通过表现，从平凡的细节中去发掘你对自然、生活、社会的内心感受，并从中为你的作品寻找素材和灵感。

目录

第一章
创意的概念

　　所谓创意就是对创作对象进行创造性的思维活动，即通过想象、组合和创造，对主题、内容和表现形式进行带有观念性、新颖性的构思，创造出新的意念或系统，使对象的潜在现实属性升华为社会公众所能感受到的具象。

一、什么是创意

20世纪60年代，在西方国家出现了"大创意"（the big creative idea）的概念，并且迅速流行开来。"要吸引观众的注意力，同时让他们能够停留下来，画面非要有很好的特点不可，你一定要有很好的点子，不然它就像很快被黑夜吞噬的船只。"这里所说的"点子"，就是创意的意思。

何为创意？这是一个发展中的概念。

"创"即创造、独创，"意"即主意、意念以及意趣、意境等。

"创意"一词源自英文 idea 和 creative。idea 的原意是主意、念头、想法，也有学者将其译为意念。creative 原意为有创造力的、创造性的。在图形设计中，"创意"就是创造性的意念，和将意念或构想转化成具有创新精神的设计形式的思维过程。

因此，我们说创意是一种创造性行为，一种有思想有意识的创造性行为；创意是一种想象，一种无止境的联想；是意念的创造，是人类高度思维创造活动的过程。

二、创意与创造性思维

人类思维的基本形式除了形象思维、逻辑思维以外，还应包括创造思维。

所谓具有创新能力的人才是指具有创造意识、创造性思维和创造能力的人才，而其核心则是创造性思维（通常也简称之为"创造思维"）。

"创造性思维要求你具有寻找创意并驾驭你的知识和经验的能力。"

"创意完全是各种要素的重新组合的结果"。

从形式化角度看，创造性思维必然是传统思维方式"异化"的结果，没有思维方式的变异，就不会有思维结果的"异在"。"创意"即"创异"。

所谓创意就是对创作对象进行创造性的思维活动，即通过想象、组合和创造，对主题、内容和表现形式进行观念性、新颖性的文化构思，创造新的意念或系统，使对象的潜在现实属性升华为社会公众所能感受到的具象。

创造性思维是人类的高级活动，是人类智力水平高度发展的表现。创造性思维是有创见的思维，即不仅能揭露客观事物的本质及其内在联系，而且能在此基础上，改组旧信息，寻求新关系，找出新答案，产生新成果的思维过程。它往往是伴随着创造性活动而产生的思维过程。创造性思维的主要特点是：

（一）独创性

创造性思维最大的特点就是创新，即首创出人类前所未有的新成果，如科学家的新发明和新发现，文学家的新创作，服装师的新设计等。

（二）求异性

　　它不同于一般答案和解决方法，它总是要提出与众不同或与自己过去不同的许多设想，这是一种超群、超常、超前的思维方法。

（三）指向性

　　这种思维要有明确的解决问题的目的性。目的性是创造和制造思维的原动力，而不是无目的的胡思乱想。创造性思维不是一般的思考，它具有一种很强的推动思考、寻根问底的力量，甚至到了迷恋的程度。

（四）多维性

它包括多方面、多角度地分析问题、思考问题，进行正面思维、逆向思维、立体思维、纵向思维、横向思维，并最终提出解决问题的最佳方案。

三、观察力与想象力

（一）观察力

要学会把普通人的视觉转变成艺术家的眼力，则要求具备以下的观察力。

第一，有顺序地观察。对图画或场景不要东张西望，而应按一定的顺序进行观察。

第二，有重点地观察。大自然千姿百态，社会现象纷繁复杂，只有抓住重点，才能避免因观察面过窄而失之片面，或因观察面过宽而离开中心的弊病。

第三，抓住特征观察。客观世界的人、事、物、景千差万别、各有特征，故观物应抓外形特征，赏景应抓季节变化，察人应抓外观言行。

（二）想象力

想象是对原有多种表象进行整合、重构的心理操作过程。

想象又可分为"再造想象"与"创造想象"两种。再造想象是对别人描述过而自己未曾感知过的事物加以想象而生成的形象（如古代的恐龙）；创造想象是没有依据现成的描述而独立创造出来的某种事物的形象。显然，再造想象和创造想象对于写作构思、艺术创作、理论建构及其他的创造性活动都具有特别重要的意义。

要进行想象应具备以下几方面的条件：

第一，要有丰富的表象储备。表象是进行想象的基本材料，表象愈多、愈完整，想象的内容就越丰富、越深入。由于表象是通过感知获得的，这就要求平时要多观察、多积累。

第二，要善于联想。相似联想是对性质、外形有某种相似性的事物表象进行联想；相反联想是对性质相反或外形有鲜明对比的事物表象进行联想；相关联想是对并不相似但在逻辑上有某种关联的事物表象进行联想。

可见便于联想的事物都是在性质上、外形上或逻辑上具有某种联系。按上述三方面联想出的表象愈多，愈有利于对表象的整合与重构（因为整合与重构总是要按事物之间的一定联系和结构才能进行），就越有利于想象。

B 第二章
创意的方法

　　创意的方法有几百种，如何形成系统化、条理化的创意方法是一个很大的难题。创意不是空想，而是有表达目的的创造的思想，因此生活中的大事小事、国事家事、自己的事别人的事，都得多关注，只有多关注才有思考和感受，才可能在需要创意的时刻有素材。另外，越好奇的人对世界越敏感，越有独到的创意。充满创造力的状态是可以通过培养而达成的。

一、创意的思考

（一）垂直思考法

这种类型的思考是按照一定的逻辑思路，在一个固定的范围内，自上而下进行垂直思考，故被称为垂直思考法。

此方法偏重于对于已有的经验和知识进行重新组合来产生创意。

（二）水平思考法

这种类型的思考是指在思考问题时摆脱已有知识和旧的经验约束，冲破常规，提出富有创造性的见解、观点和方案。这种方法的运用，一般是基于人的发散性思维，故又把这种方法称为发散式思维法。

发散思维（又叫求异思维、逆向思维、多向思维）是创造性思维结构的一个组成要素，它的作用是为创造性思维活动指明方向，也就是要求朝着与传统的思想、观念、理论不同的另一个（或多个）方向去思维。发散思维的实质是要突破传统思想、观念和理论的束缚。

对发散思维的培养应时刻围绕着流畅性、灵活性、原创性和精准性这四个要素来进行。其具体含义是：

流畅性是指在短时间内表达出观点和设想的数量。

灵活性是指多方向、多角度思考问题的灵活程度。

原创性是指产生与众不同的新奇思想的能力。

精准性是指对事物描述的细致、准确程度。

（三）跳越联想法

这种思考方法是在进行图像创意时，为了找到令人惊异的构思，而在两个看似毫无关联的图像之间构想出特定关系。这种方法是以跳越思维而产生联想，不把自己思考的原点加以固定。

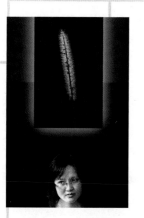

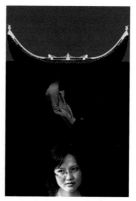

二、创意的诱导

　　摄影作品的构思过程，在开始阶段是非常痛苦的，需要进行素材的寻找、主题的确立、表现方式的定位、色调的处理、构图的选择等等工作。

　　这时候就需要建立一种思维的习惯。

　　素材的寻找：风光、人物、动物、静物、肌理、自然、民俗……

　　主题的确立：环保、人文、人与自然、科技、时尚、原始、情感、运动、小品……

　　表现方式的定位：传统、现代、彩色、黑白、幽默、荒诞、崇高、消极、组合、分解、抽象、画意……

　　色调的处理：蓝色、红色、黄色、绿色……不同的色调可以表达不同的情绪，如红色可以表达一种喜庆、欢乐，蓝色可以表达一种宁静、悠扬，绿色可以表达一种生命……

　　构图的选择：对比、透视、重复、渐变、矛盾、突变、散点……

　　情绪的确立：喜庆、欢乐、悲伤、忧郁、宁静、悠扬、激烈……

　　在粗略的分类后还可以进行细分，比如：人物是选择全身、半身、局部，还是正侧面头部、五官、肢体；环保是表现水资源、环境资源、土地资源，还是动物资源、植物资源；蓝色是深蓝、浅蓝、蓝灰还是纯蓝。

三、灵感的出现

灵感的出现源于生活。丰富的生活经历是提供灵感的源泉。

要积极地体验生活。说到体验生活很多人都把他理解为到农村去，到最艰苦的地方去才是最好的体验生活，其实生活无处不在，你来到这个世界的每时每刻都在体验生活，只不过有些人体会得很粗糙，有些人体会得很细致。要做一个生活中的有心人，努力尝试各种新鲜的事物。如果你没有去过西餐厅，没有听过音乐会，没有看过现场球赛或是没有在草原上策马飞奔，那么你赶紧去。你可以进迪厅而不跳舞，干小工而不要钱，甚至，如果你有足够的勇气，你可以尝试被人漫骂的感觉，和乞讨的屈辱……总之，为了能够感受不同的环境、不同的心境，所有的阅历，无论好的坏的，都是人生的财富、创作的源泉。

要广交朋友，体味一下各种各样的人对这个世界的不同感受。要学会用别人的阅历和思想充实自己。做到这一点，你就能把握这个时代获得创作的灵感。

四、作品的产生

一件好的作品包括三个方面：首先有一个好的创意，先在大脑中进行粗略构思；然后借助计算机或者手绘手段，做成比较详细的构图；最后综合运用计算机技巧完成作品。三者缺一不可，但有时又各有侧重。

构图在作品中的作用是非常重要的。通过合理地组织各种视觉元素，安排视觉中心，使画面美观并诱导读者的目光和兴趣，为你的创意服务。关于构图就是指三大构成的综合应用，即平面构成、色彩构成和立体构成。对于大多数爱好者来说，前两个尤为重要，一定要补上这些课程。

计算机在这里纯粹是一个工具，你的水平至少要高到心里想得到什么效果，就可以表现出来。例如两张图片的融合、各种滤镜的效果，等等。同时也要具备一定的操作速度，也就是所谓的眼到、心到、手到。

以上三方面的修养要相辅相成。创意是一个很虚幻的东西，它需要思维的跳跃，灵活而善变；有关构图，只要人们的审美不变，它也是万变不离其宗；计算机操作水平则是有规律的，只要多练习是会不断提高的。

第三章
色彩的运用

色彩调整是数字影像创意的重要环节,色彩的整体控制决定了作品创意的艺术品位。探索色彩的奥秘,追求色彩的变化,是数字影像艺术的视觉享受。

对数字影像进行色彩调整,可凭自己对色彩的认识与感觉去进行选择,往往采用分离色彩、转换色彩、控制色饱和度等等方法,给作品注入新的情感,达到所追求的效果。

《日出》

　　这是一幅纯色调的调整。拍摄的时候是在早上7点，由于天空有雾，整个景物没有颜色。因为画面中有阳光的部分略呈暖色调，所以后期就加强了冷暖的对比。制作方法：

　　1. 在 Photoshop 中打开原图。

　　2. 使用图像 – 调整 – 曲线工具，略增加画面的反差。

　　3. 复制一个原图图层。

　　4. 对下层的图片使用图像 – 调整 – 变化，增加蓝色的色彩，使画面呈冷色调。

　　5. 对上层的图片使用图像 – 调整 – 变化，增加红、黄色的色调，使画面呈暖色调，加强画面的气氛。

　　6. 用菜单中图像 – 调整 – 色调/饱和度，适当调整。添加蒙版，将下层的蓝色色调透出，局部调整画面的色调、冷暖的对比，使画面的气氛更好。

　　7. 完成制作。

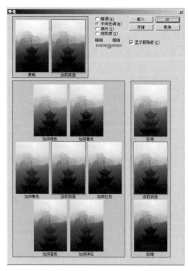

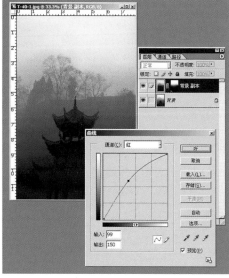

《霞光》

这是一幅纯色调的调整。拍摄的时候因为是阴天，所以整个画面的气氛不够、色调灰暗。采用Photoshop调整后，整个画面的氛围出来了，主体更加突出。制作方法：

1. 在 Photoshop 中打开原图；

2. 先用图章工具仔细地修整多余的电线。

3. 用喷枪工具和减淡工具画出云彩的效果。再置入飞鸟的图片，用Ctrl+T调整大小，用魔术棒选取天空褪底。

4. 使用图像–调整–曲线工具，增加画面密度。

5. 使用图像–调整–变化，增加红、黄色的色调，使画面呈暖色调，加强画面的气氛，然后用菜单中图像–调整–色调/饱和度作适当调整。

6. 完成制作。

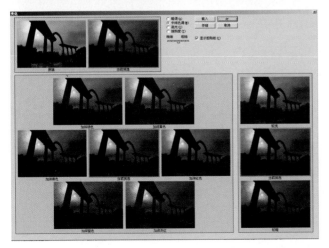

13

《古镇余晖》

这是一张在阴天里拍摄的场景，所以原片的反差及气氛都不是很好，以下尝试通过色彩来改变画面的气氛。制作方法：

1. 在桌面中打开原图。

2. 先用选择工具精确的选取天空的部分，用Ctrl+M弹出曲线对话框，适当增加天空的密度。

3. 使用图像－调整－变化，增加红、黄色的色调，使画面呈暖色调。

4. 使用图像－调整－色调/饱和度，调整整个画面，适当将红色的饱和度提高一点。

5. 画面中间的红灯笼部分可以单独选取后再重复3、4步骤进行调整。

6. 完成制作。

提示：通过以上的操作，将天空调整成暖调，这样可使得画面的气氛得以烘托。

14

《高原牧歌》

　　这是一幅运用色彩饱和度进行调整的图片。原片因为是用负片拍摄，所以色彩有点发灰。制作方法：

　　1. 在桌面中打开原图。

　　2. 先用图章工具仔细的修整扫描后画面上的划痕和杂点。

　　3. 用Ctrl+M弹出曲线对话框，适当增加天空的密度。

　　4. 使用图像－调整－色调/饱和度，调整整个画面，适当将红色和黄色的饱和度提高一点。

　　5. 运用减光工具，对远山部分作局部减光，增加画面的阳光效果。

　　6. 完成制作。

　　提示：通过以上的操作，画面色彩饱和度得以提高，空间感更强。

《古城春色》

这也是一幅运用色彩的饱和度进行调整的画面。原片使用尼康D100拍摄，拍摄时是阴天，所以色彩有点灰，以下尝试通过色彩来改变画面的气氛。制作方法：

1. 在桌面中打开原图。

2. 使用自动色阶调整画面（图1）。

图1

图 2

图 3

3. 复制一个原图的图层。按 Ctrl+M 弹出曲线对话框，对下一层原图单独调整绿色的通道，适当增加绿色的成分（图 2）。

4. 在上一个图层中使用图像–调整–色调/饱和度，调整整个画面，适当将红色和黄色的饱和度提高一点。

5. 在图层菜单中选择图层蒙版（图层蒙版就是在图层中添加的一个遮挡，通过这个遮挡将需要的部分透出，不需要的部分遮住，黑色的部分就是被遮住的部分，白色的部分是可以执行曝光的部分），将画笔大小调整适中，压力设置为 10，前景色设置为黑色，缓慢遮挡将下图的绿色植物部分逐渐透出（图 3）。

6. 运用减光工具，对远山部分和城楼的亮部转折处作局部减光，增加画面的阳光效果和城楼的体积感。

图 4

7. 画面上的电线、电杆和杂乱的房屋等，用橡皮图章将这些部分仔细修掉（图5）。

图5

8. 新建一个图层，选择渐变工具，设置半透明的橙色渐变，将天空罩上一层暖色调，模仿渐变镜的效果（图6）。

9. 完成制作（图7）。

提示：通过以上的操作，画面色彩饱和度得以提高，色调和空间感更强。

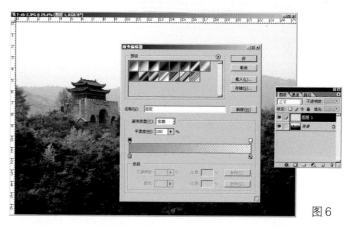

图6

图7

《这一辈子》

这幅作品采用模仿老照片手法制作完成。制作方法：

1. 在桌面中打开原图。

2. 按 Ctrl+U 调出色相/饱和度对话框，适当去色，然后用 Ctrl+M 调整画面的反差及密度。

3. 使用图像－调整－变化，增加红、黄色的色调，使画面呈棕色调，加强画面的怀旧气氛（图1）。

4. 打开滤镜中的添加杂色，勾选"单色"复选框，设置数量为18，增加画面的颗粒感（图2）。

5. 完成制作。

图1

图2

《话说村里事》

这幅作品也是采用局部留彩的手法制作完成的。制作方法：

1. 用直线选取工具选取红色布告。

2. 用图像－调整－色调/饱和度去色调整，增加红色的饱和度。

3. 按 Ctrl+shift+I 反向选择，完成色调/饱和度去色。

4. 完成制作。

《红色诱惑》

这里营造的是一个超现实的场景，背景拍摄于一个废弃的厂房。制作方法：

1. 将背景图像用图像—调整—色调/饱和度去色调整，转为黑白色。

2. 将衣服的图片拖入背景中，组合到画面上去，用魔术棒选取衣服，按Ctrl+M增加红黄色通道的密度。

3. 完成制作。

提示：两个空间融合在一起，红色与黑、白、灰的对比异常的突出。

获"艺风杯"全国摄影艺术展优秀作品奖

《画室》

作品采用多次曝光的手法拍摄学生上课时的情景。利用局部加色的原理，使画面达到一种特殊的色彩效果。制作方法：

1. 在桌面中打开原图。

2. 按 Ctrl+U 调出色相／饱和度对话框，去色，然后用Ctrl+M调整画面的反差及密度。

3. 采用局部敷彩的手法，用画笔工具选择需要的色彩，在模式里设置色彩模式，这时喷出的颜色是透明的，不会覆盖画面的形状，注意流量的设置不要太大，一般用到 7 左右。

4. 选择红、黄、蓝、绿、紫等各种颜色进行喷涂，反复修整颜色的搭配，直到满意为止。

5. 完成制作。

《飘动的白裙子》

这是一张用两底合成的图片，人体的黄色调与背景的蓝灰色形成协调的对比。制作方法：

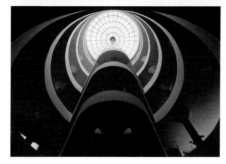

添加杂色

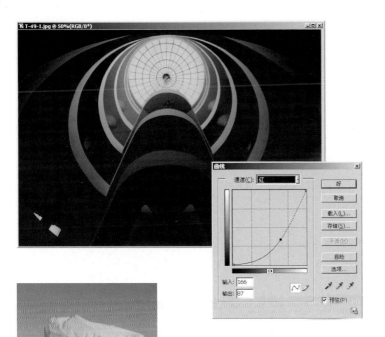

1. 打开原素材背景，通过色调/饱和度、曲线等综合方法将画面色彩调整成蓝灰色。

2. 用套索工具将人体边缘勾出，按Ctr+C复制，按Ctrl+V将人体粘贴到背景上，调整好位置、大小。

3. 用套索工具选取绸布的尾端，按Ctr+C复制，按Ctrl+V粘贴到一个新图层上。在滤镜中运用动感模糊，使绸布有飘动的感觉。

4.完成制作。

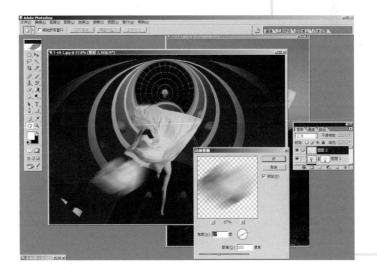

获 2003 年 5 月第 10 届 "亚洲风采" 华人摄影比赛电脑制作类四等奖

《自由·禁锢》

　　人类进入文明至今，压抑的生存与心理空间，焦躁而彷徨的精神状态，期待着个性的释放与张扬。这组作品通过反复叠加蒸汽机车、时装、电脑……暗示着传统束缚的没落，个性时代的到来。作品使用黑白照片加彩的原埋，重新定义色彩。制作方法：

　　1. 打开机车素材背景，通过色调/饱和度去色将色彩转变成灰色，用滤镜中的添加杂色，勾选"单色"复选框，设置数量为18，增加画面的颗粒感。

　　2. 用移动工具将人体拖动到背景上，调整好位置、大小，添加蒙版，仔细地褪掉背景。

　　3. 用画笔工具选择需要的色彩，在模式里设置"色彩"模式，这时喷出的颜色是透明的，不会覆盖画面的形状。注意流量的设置不要太大，一般用到6左右。

　　4. 完成制作。

《夜郎国的传说》

　　作品拍摄的时候以天空的亮部曝光，这样可以得到很好的云彩效果，因为鼓面的部分是逆光，所以重新用顺光拍摄了一张有人物的，将两张图片合成。制作方法：

　　1. 在桌面中打开逆光的原图。

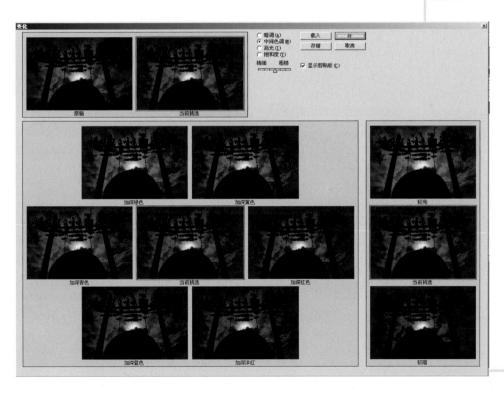

2. 按Ctrl+M弹出曲线对话框，适当增加天空的密度。

3. 使用图像－调整－变化对话框，增加蓝、青色，使画面呈冷色调。

4. 使用图像－调整－色调/饱和度，调整整个画面，适当将蓝色的饱和度提高一点。

5. 打开人体的原图，用钢笔或套索工具将画面的背景褪掉，设置羽化值为2，使用图像－调整－色调/饱和度,调整整个画面,适当将黄色的饱和度提高一点。

6. 将人体的原图拖入逆光的那张图片中，按Ctrl+T调整这张图片的大小，使铜鼓的大小吻合。

7. 最后再植入一张飞鸟的图片，褪底，再复制一张，将滤镜中的动感模糊角度设置为0，距离设置为280像素，增加画面的动感。

8. 完成制作。

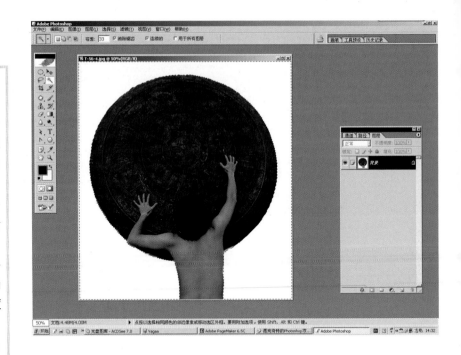

《荷塘》

作品打破常规的色彩处理，采用改变色调的方式，增加画面的神秘气氛。

制作方法：

1. 在桌面中打开荷叶的原图。

2. 按Ctrl+M弹出曲线对话框，适当增加画面的密度和反差。

3. 使用图像 – 调整 – 色调/饱和度，调整整个画面，将色相设置为+97，这时原来绿色的荷叶变成了蓝绿色。但花瓣的粉红色最好还是保持不变，因此可以在调整之前先复制一个图层，然后用蒙版使花瓣透出，也可以用画笔工具在模式里设置"色彩"模式，选择需要的色彩进行喷绘。

4. 将荷叶的图片拖入树林的背景中，添加蒙版，选用适合大小的画笔工具，流量设置为12，逐渐地褪掉荷叶的背景，使荷叶与树林有机的结合到一起。

5. 完成制作。

提示：通过以上的操作，将常见的荷叶的绿色调调整成蓝灰色调，使得画面的色彩氛围更特别。

《乐队新武器》

单色、虚化的背景更加凸显出主体色彩的强烈。

制作方法：

1. 先用套索工具粗略地选择背景的轮廓。

2. 按 Ctrl+U 弹出色调/饱和度对话框，去色(设置饱和度 −100)。

3. 运用滤镜中的高斯模糊，将半径参数设置为20。

4. 使用图像 – 调整 – 色调 / 饱和度调整整个画面，适当将红、黄色的饱和度提高一点。

5. 完成制作。

第四章
D 技法的运用

　　数字影像制作技法，又称数码暗房技术，其主要工具为各种电脑图像处理软件，而应用得最多的是Photoshop软件，它的图像处理功能十分强大，比传统暗房技高一筹。如技巧中的修整技术、影调压缩、中途曝光效果、浮雕效果、粗颗粒与线条、组合构成、影像变异等等，都能做到随心所欲、轻松自如。

　　为满足数字影像创意的需要，不断有新的软件推出，它们可以根据不同的需求，以达到将巧妙的构思、生动的情趣和强烈的视觉冲击表现出来。技法的运用需要观念的更新以适应新的潮流的需求。

《盛装》

这幅作品利用色调分离的技法，使画面产生一种套色版画的效果。制作方法：

1. 在桌面中打开原图。

2. 使用图像－调整－色调分离，色阶设置为4。

3. 局部用橡皮图章工具适当修饰。

4. 完成制作。

《祖孙》

这幅作品运用滤镜—素描—便条纸效果，以达到特殊的肌理效果。制作方法：

1. 在桌面中打开原图。

2. 使用滤镜中的"素描"选项中的便条纸效果。

3. 局部用橡皮图章工具适当修饰，使背景更加整体。

4. 完成制作。

提示：滤镜的使用一定要有目的，恰当地使用滤镜可以丰富画面的视觉语言，否则只是盲目的为了效果而效果。

图1

《苗女》

这幅作品利用了Photoshop滤镜中的浮雕技法（局部浮雕），人物的脸部用蒙版保持了原照的效果。制作方法：

1. 在桌面中打开苗女的原图（图1）。

2. 按Ctrl+M弹出曲线对话框，适当增加画面的密度和反差。

3. 使用图像–调整–色调/饱和度，调整整个画面，然后复制一个图层，使用滤镜–风格化–浮雕效果，设置角度126，高度10，数量196（图2）。

4. 在浮雕的图层上添加蒙版，选用大小合适的画笔工具，流量设置为12，逐渐地透出下一

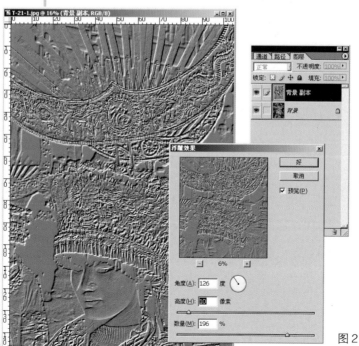

图2

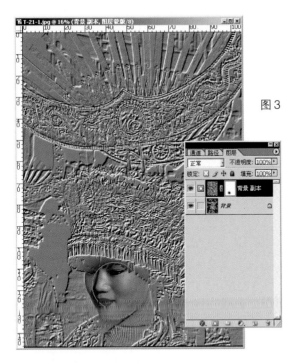

图3

层的脸部（图3）。

5.用图章工具将背景杂乱的部分修掉，使之成为一个整体（图4）。

6.最后使用图像－调整－变化,适当调整成蓝灰色，使得画面的色彩更协调（图5）。

7.完成制作。

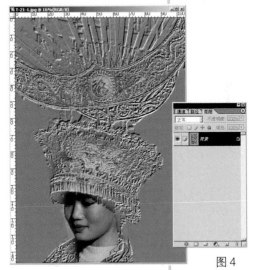

图4

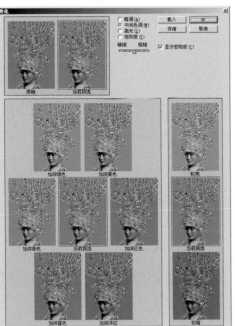

图5

图 1

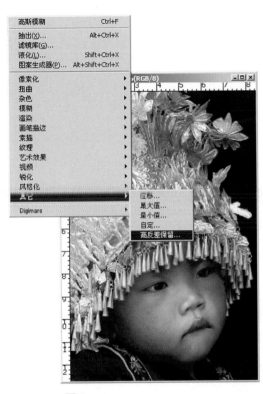

图 2

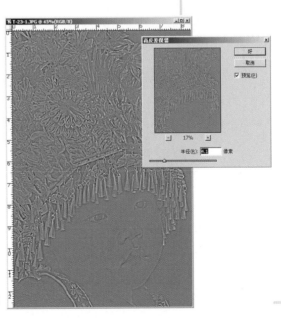

图 3

《苗娃》

这幅作品主要想使画面呈现出绘画中的素描效果，突出人物的眼神与性格。制作方法：

1. 在桌面中打开苗娃的原图（图 1）。

2. 按 Ctrl+Shift+L 做一个自动色阶。

3. 使用滤镜 – 其他 – 高反差保留，设置半径参数为 14.1（图 2）。

4. 在图像－模式里将RGB模式转成灰度（图3）。

5. 按Ctrl+M，用曲线工具调整画面密度，设置参数（输入86，输出100）。再按Ctrl+M，用曲线工具调整画面反差（图4）。

6. 在工具箱中选用加深工具，设置范围为暗调，曝光度为15%，将眼睛、鼻子、嘴的部位逐渐加深，注意要控制好笔刷的大小（图5）。

7. 用图章工具将背景和脸上杂乱的部分修掉，使之成为一个整体。

8. 完成制作。

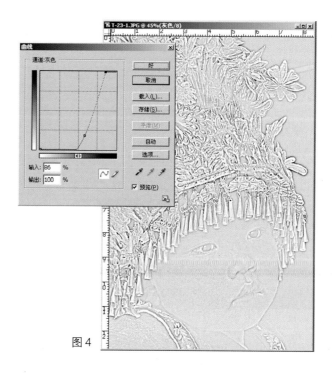

图4

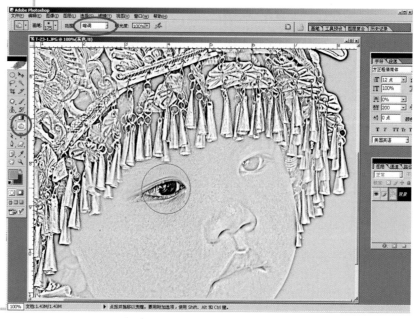

图5

《雨中》

原图用尼康ＦＭ２，28-135mm镜头拍摄，运用添加油彩肌理的图片技法，制作成油画效果。制作方法：

1. 整个画面效果先运用滤镜中的水彩画效果，使画面产生绘画肌理。

2. 用色相／饱和度调整色彩，然后植入到一张翻拍的油画底子内。

3. 添加蒙版工具，用笔刷将原画面的背景遮挡，透出油画底子的笔触，同时使画面更具油画效果。

4. 完成制作。

《老人与狗》

　　原图拍摄于阴天，运用水彩画滤镜的技法，制作成绘画般的效果。制作方法：

　　1. 打开原图。

　　2. 按Ctrl+U，用色相/饱和度去色，用滤镜中的水彩画效果进行处理。

　　3. 将天空画面用滤镜中的水彩画效果进行处理。天空的部分再做一个滤镜中的运动模糊。

　　4. 选择天空的部分，使用滤镜 – 杂色 – 添加杂色,使天空的部分呈现颗粒感,将老人的图片拖入到天空的画面里,合并图层。

　　5. 完成制作。

图1

《 都 市 印 象 》

　　原图拍摄于白天街头的建筑物，运用霓虹灯滤镜的技法，制作成犹如夜晚一般的效果。天空做渐变处理，犹如月光初上。制作方法：

　　1. 在桌面上打开原图（图1）。

　　2. 按Ctrl+U，用色柏/饱和度调整色调，复制本图层，使用滤镜中的等高线进行处理，然后褪底，同时合并图层（图2）。

　　3. 将画面用滤镜中的霓虹灯效果进行处理（图3）。

　　4. 选取黑色的背景，用600像素的画笔做渐变处理。

　　5. 完成制作。

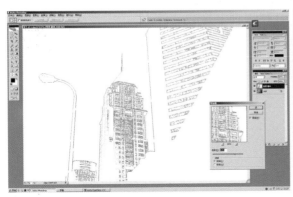

图2

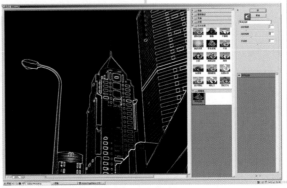

图3

45

《太阳雨》

原图用尼康D100，28-85mm镜头拍摄。因为是阴天拍摄，所以为了更加突出阴沉的气氛，运用动感模糊的技法在画面上制作了飘雨的感觉。

1. 新建一个图层，并填充成白色，同时添加蒙版（图1）。

2. 激活蒙版，从滤镜菜单中选择像素化－点状化对话框，设置为3(图2)。

3. 从图像－调整中选择阈值185，或根据需要的效果进行设置（图3）。

4. 在滤镜中选择模糊－动感模糊，角度和模糊的长度根据需要的效果适当设置（图4）。

5. 用快捷键Ctrl+L弹出色阶对话框，调整至自己感觉雨丝的大小合适为止。

6. 最后激活蒙版，将不需要雨点的部分遮掉。

7. 完成制作。

图 1

图 2

图 3

图 4

图1

图2

《苗寨的早晨》

　　风景照中经常会有一些遗憾，如果能够适当地运用合成的技法，会使整个画面更加完善。前期拍摄的时候要注意图片的透视问题。制作方法：

　　1. 在桌面中打开苗寨前景的原图。

　　2. 设置图像－画布大小，修改画面比例为正方形。按Ctrl+T弹出自由变换对话框，将图片水平翻转（图1）。

　　3. 植入苗寨的背景图，按Ctrl+M弹出曲线对话框，在蓝色通道中设置参数（输入106，输出156），增加蓝色的成分，加强画面的空间关系（图2）。

　　4. 添加蒙版，选用适合大小的画笔工具，流量设置为12，逐渐地透出前景的轮廓。

　　5. 使用图像－调整－色调/饱和度，调整整个画面色彩饱和。

　　6. 完成制作。

《影场》

原图是在给学生上课的时候拍摄的，现运用中途曝光的技法处理成梦境般的效果。制作方法：

1. 在桌面中打开原图。

图1

图2

2. 按Ctrl+Shift+L做一个自动色阶，自动调整一下密度和反差；使用图像–调整–色调/饱和度，适当地将饱和度提高一点。复制一张调整后的原图（图1）。

3. 按Ctrl+U色调/饱和度，将上面一个图层的饱和度设置为–100（图2），同时添加蒙版。设置前景色为黑色，用画笔工具将人物的部分遮挡，透出下面图层的模特肤色和衣服的颜色，选用不同大小的画笔，压力设置为8（图3）。

4. 激活下一个图层，按Ctrl+M弹出曲线对话框，设置蓝色通道（输入114/输出148），改变画面的色调，同时再改变RGB通道的曲线位置，调整成中途曝光的效

图3

果，在滤镜里处理成粗颗粒效果（图4）。

　　5. 植入不规则的边框，用魔术棒去掉白底，按Ctrl+T调整边框的大小（图5）。

　　6. 完成制作。

图4

图5

《岁月如风》

　　这幅作品拍摄的时候是阴天，没有任何光影效果，画面平淡，如果没有经过后期的处理，运用局部加减光的技法而大大改善了画面的视觉张力，最终只能是一张废片。云层的添加，增加了画面的时空感。制作方法：

　　1. 在桌面上打开原图。按 Shift+Ctrl+L 弹出调整菜单先做一个自动色阶（图1）。

　　2. 按 Ctrl+M 调整曲线，加强反差，然后在滤镜

图1

图2

图3

图4

中锐化一下（图2）。

3．植入云彩的图片（图3），按Ctrl+T调整好大小。添加蒙版，用画笔工具将云彩部分遮挡，压力设置为8，仔细地将头部透出，这个步骤要花些时间反复的调整，主要是头发丝与太空衔接的部分要特别细心（图4）。

4．然后用减光工具局部进行减光，范围设置成高光，同时暗部就用加光工具混合使用，以此来增加人物的体积感和光感（图5），最后合并图层，按Ctrl+U提高色彩的饱和度。

5．完成制作。

图5

《老宅》

　　数码的时代大家一直都在追求更高的像素，实际上有一台 400 万像素的相机就已经很不错了，利用后期拼接的技术，可以增加画面的有效像素。这

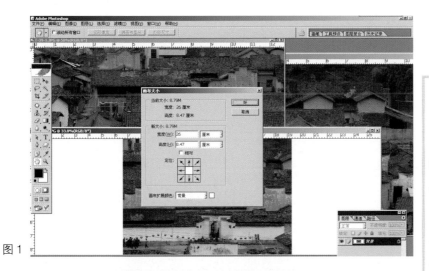

图 1

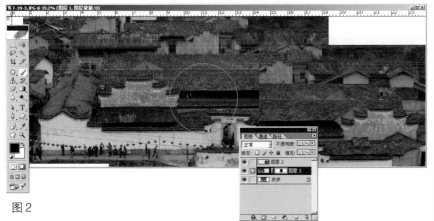

图 2

图 3

张宽幅的图片实际上是用三张 100mm 焦段拍摄的图片合成的，已经达到 1000万以上的像素而又丝毫看不出拼接的痕迹。制作方法：

1. 在桌面中打开三张原图，将中间的一张图片在图像－画布尺寸中设置成宽幅（图 1）。

2. 拖入左右两张图片，同时将不透明度设置到 50%，将不同图层的两张图片仔细地与中间一张对准，吻合，同时添加蒙版，用笔刷慢慢地遮挡，找到最佳的吻合点（图 2）。

3. 按 Ctrl+L 手动调整阶调和反差；使用色调/饱和度，适当将饱和度提高一点。

4. 新建一个图层，选择浅蓝色，用笔刷喷绘出烟雾的形状，然后适当地减一点透明度（图 3）。

5. 完成制作。

《在水一方》

这幅360度环场是利用了20多张图片拼接而成的。前期拍摄的时候，因为不是在一个拍摄点上（群楼的面积非常宽，而且楼层的层数不一样），所以就运用了分段分块拍摄，用40mm左右的焦段，分上、中、下三段拍摄，每隔20度左右拍一块，每张图片的左右两幅最少保证有1/4的重叠。制作方法：

1. 在桌血中新建一个60cmx10cm 的文件，将中间的图片在图像－画布尺寸中作比例修改，设置成宽幅。

2. 先拖入中间一段的图片，用减透明度50％的方式——将素材片拼好，将上下两张的图片仔细地对准，使之吻合，同时添加蒙版，用笔刷慢慢地遮挡，找到最佳地吻合点。

3. 最后合并图层，按Ctrl+L 手动调整阶调和反差；使用色调/饱和度，将色彩饱和度提高一点。

4. 完成制作。

《螳螂》

原图是用螳螂的标本，放到平版扫描仪内扫描而成，制作成微距般的效果。制作方法：

1. 先将螳螂的标本扫描，精度设置 1200dpi。

2. 新建一个文件，填充成黑色。打开扫描原图，拖入黑底的文件中，用魔术棒褪底。按Ctrl+U，用色相/饱和度调整色彩。

3. 用画笔工具将黄色的前景色喷成一块光斑，注意边缘衔接要自然。

4. 完成制作。

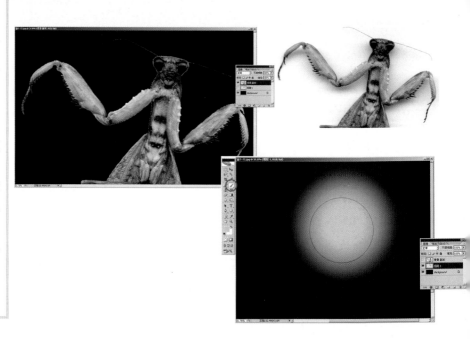

第五章
创意与构成

　　无论是摄影，还是其他视觉艺术，其创意的最直接的表述体现在图形元素的独创性。

　　基于这一点，就必须放弃思维方式和设计类型上的习惯性路线，不循常规地思考问题而又不忽略问题的条件。

　　创意中应该引起注意的是怎样建立创意的理念：一是有意识地破坏原物形，因为只有破坏才能在破坏的基础上构筑新的物形，并探索到以前不存在和不曾遇见的物象观念；二是放手变化，因为只有变化才能使图形产生新颖的视觉效果，建立从有序到无序再到有序的新观念。

　　形式服从于内容，同时又提升与完善着内容。在作品中，常常是创意引领着艺术的本能，凭直觉与经验去发掘图形深层次的象征意义。

获第十届全国人像摄影艺术展览电脑创意类金奖

《蜕变》

沧桑的面容上，人生的艰难一览无余，正负片的对比排列更加强化了凝重的主题氛围。正负片的转换难道不就是人生的蜕变过程吗？制作方法：

1. 在桌面上打开老人像原图。

2. 使用矩形选取工具从中部选择画面的 1/2。按Ctrl+M弹出"曲线"适当调整,降低画面的反差(图1)。

3. 使用图像–调整–反相，将画面转成负片效果(图2)。

4. 使用图像–调整–变化，将反相的半边脸变化成红色调，按Ctrl+Shift+I反选，在滤镜中选择进一步锐化 (图3)。

图1

图 2

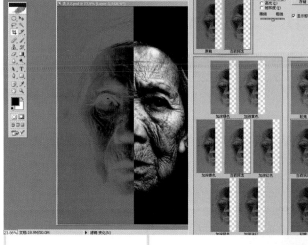

图 3

5. 植入枯树的素材，按 Ctrl+T 调整枯树的位置和大小，用魔术棒选取天空并褪底（图 4）。

6. 添加蒙版，将不需要的部分遮挡掉，最后在画面里反复调整色调与反差。

7. 完成制作。

图 4

《飞》

因为想表达出一种向往自由的理念，所以在前期拍摄的时候让模特儿背靠一个废旧的锅炉，拍摄了一些素材。为了使模特儿产生一种动感，有一种展翅欲飞的感觉，在后期画面上采取了三底合成的效果，使最初的理念得以完善。制作方法：

1. 在桌面上先创建一个25cm×25cm的画面。

2. 植入少女的素材，按Ctrl+T调整大小，旋转

图 1

图2

图3

到符合需要的角度，在空白的部位用橡皮图章工具复制铁锈的肌理，反复地操作，尽量不要有重复相同的效果（图1）。按Ctrl+M、Ctrl+U调整色调、饱和度。

3. 植入管道素材，添加蒙版，将画笔大小调整适中，流量设置为10，将图片有机融合（图2）。

4. 植入鹰的素材，褪底，边缘设置羽化值2，按Ctrl+T调整大小，控制好透视关系；按Ctrl+U运用"色相/饱和度"适当增加一下饱和度；按Ctrl+M调整反差及色调，最后做一个投影，增加画面的空间感（图3）。

5. 最后整体用滤镜–锐化–进一步锐化，使画面的质感增强。

6. 完成制作。

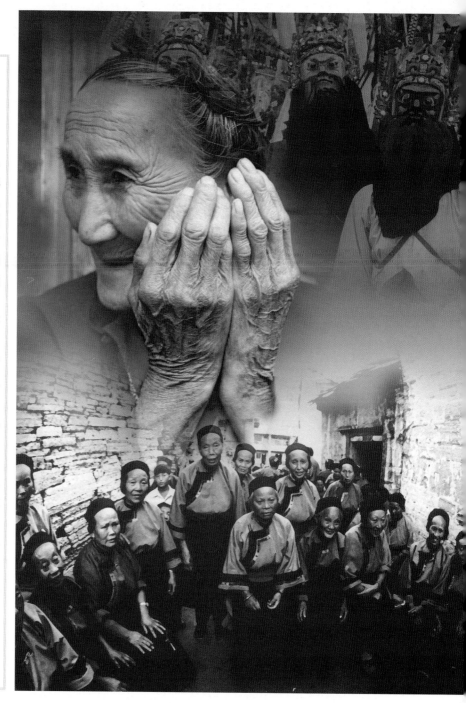

《屯堡女人》

　　屯堡女人心灵手巧，身强力壮，耕作于田畴地边。屯堡六百多年的历史，就是这些布满皱纹的手创造出来的。本作品说明了运用小同场景的同类型素材进行创作能够更好地突出主题。制作方法：

　　1. 打开素材图片，将图片拖入 A4 的幅面中。

　　2. 按 Ctrl+U（勾选着色）改变画面的色相，使之呈褐色、棕色。

　　3. 添加蒙版，使图片之间按视觉要求有机地结合。

　　4. 单独选取手的部分，按 Ctrl+U（勾选着色）改变画面的色相，使之呈蓝灰色，并与褐色对比，形成画面的主体，画面的结构也相对容易把握一些。

　　5. 完成制作。

《飞跃》

在思维的荒漠里，灵感犹如插上翅膀的鸟，振翅欲飞。三张图片合成，蓝色与白色、黄色的对比，突出了画面的主体。制作方法：

1. 打开石膏像原图。

2. 使用图像－调整－变化，使画面呈蓝色调，与"曲线"和"色相/饱和度"综合调整，直到找到满意的色调。

3. 植入另一张石膏像的图片，运用蒙版仔细地与第一张石膏像图片结合，做成破损的效果（图1）。使用图像－调整－变化调整色调直至与第一张石膏像图片吻合。

4. 用套索工具在素材上减切一块脸的局部，粘贴到当前的画面，略增加画面的反差，做一个投影（图2）。

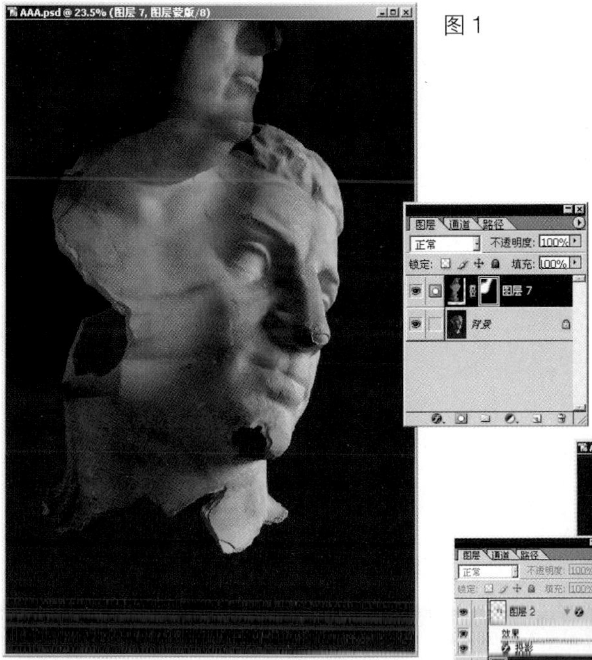

图 1

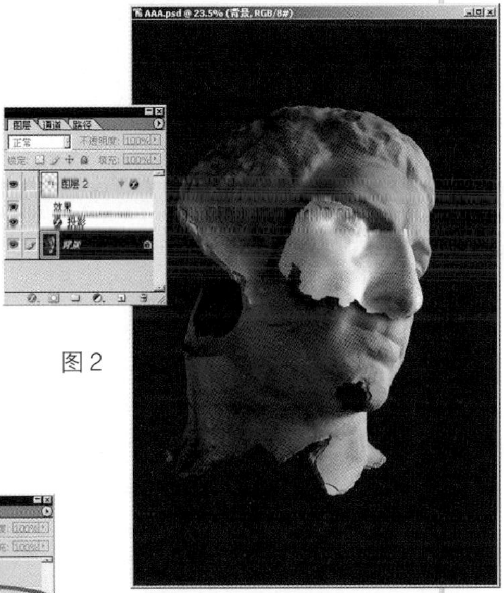

图 2

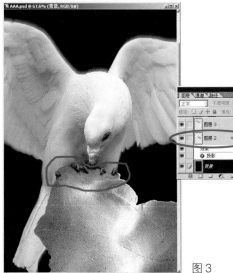

图 3

鸽子的爪子下的投影用加光工具
在残缺的石膏上做出，要注意投影的方
向和影子的特点。

5. 植入鸽子素材，并
褪底。再复制一张鸽子素
材，用高斯模糊（设置半径
为 40）模糊一下，
让鸽子的翅膀有点
动感，仔细地调整
鸽子的位置和大小
（图 3）。

6. 然后分别植
入剩下的古堡素
材，在画面里反复
调整色调与反差，
添加蒙版，与石膏
像图片有机结合
（图 4）。

7. 完成制作。

图 4

获 2003.11 "爱普生"中国人像摄影年度大赛艺术人体类大奖

《束缚》

在这个物质丰富时代，你是否感到在什么都有的时候，惟独没有了空间？当你受到限制时，当你被束缚时，这种感受是难以描述的。本作品正是想借视觉语言表达你我心中此时的感受。制作方法：

1. 打开起重机钢架的素材，按Ctrl+M调整画面密度与反差（图1）。背景用钢笔工具选取去底，同时填充成蓝灰色，适当地调整色彩，增加画面的饱和度（图2）。

2. 用同一张图片做一个镜像，稍微加深一点，使它有一点空间关系，按Ctrl+U调整色相，使黄色的框架变成深蓝色，并褪底填充成蓝灰色（图3、4）。

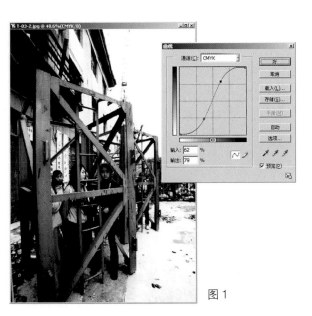

图1

图2

图3

3. 点击图像—画布大小，修改画布尺寸（42cm×14 cm），合并刚才的两张钢架图片，再一次做一个镜像，然后水平翻转，调节拼接的位置。

4. 植人一个灯泡，按Ctrl+U，调整色相与背景色调相同，用减光工具（流量设置为8）在背景上减光将它做成发光的效果。然后再用渐变工具，制作成若干个蓝色球体（图5），调整大小，分散放置在画面中，用来加强画面的三维效果。同时也象征一种自由的状态（图6）。

5. 植入两个人体模特儿，其中一个处理成黑白效果，与背景形成一种对比关系。

6. 完成制作。

图4

图5

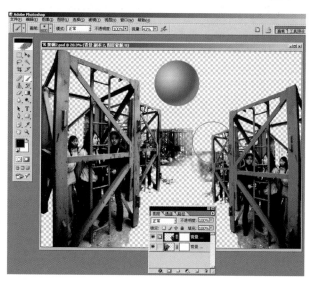

图6

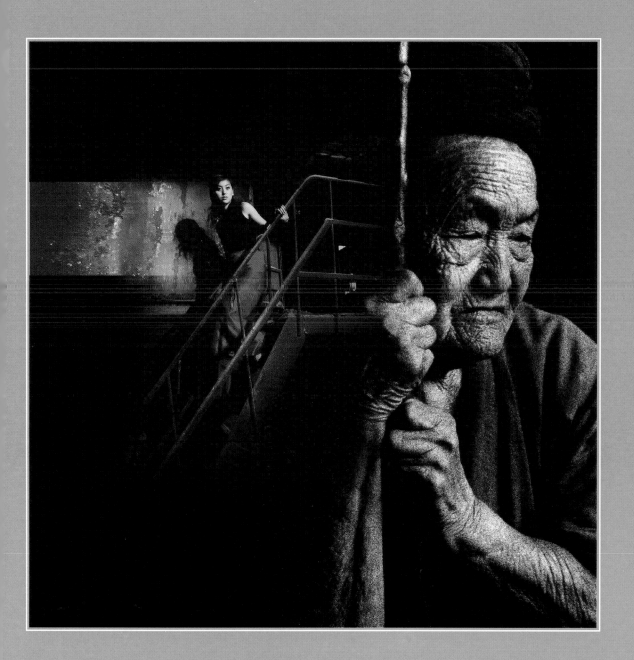

《记忆中的红裙子》

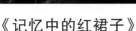

这张图片是用两张图片合成的。老人的那张图片面部的质感很好，神态略带沉思状，侧逆光的效果也非常好，但是画面总觉得缺点什么。手头有一些模特儿的图片（尼康F100、28-85mm 镜头、f11、1/250 秒拍摄的）一直觉得拍的不太完整，这下正好用上了。两种感觉对比非常强烈，也传达出对美的一种怀想。因老人的那张是黑白片，所以最后决定做成单色效果，保留了模特儿身上的红裙。

制作方法：

1. 将老人的图片拖入到新建的 20cm×20cm 的画面里，在滤镜里处理成粗颗粒效果，增加画面的

图 1

图 2

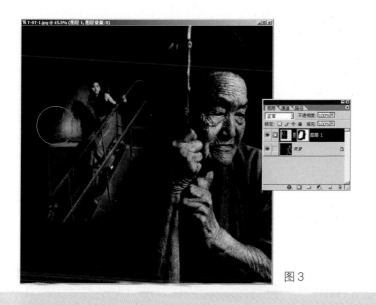

沧桑感（图1）。

2. 植入模特儿的素材，按 Ctrl+T 调整它的大小到符合需要（图2）。

3. 添加蒙版，将画笔大小调整至适中，压力设置为10，用魔术棒选取红裙，周围的颜色使用图像－调整－色相/饱和度去掉，调整至与周围融合（图3）。

4. 完成制作。

图3

《演变》

用相同的主体素材做不同的构成方式。

植入少女的素材，点击图像－模式－灰度，按 Ctrl+T调整它的大小，到符合需要的大小。添加蒙版，将画笔大小调整适中，流量设置12将两张头部的眼睛重合，完成制作。

《奠基者》

　　作品摄于人行天桥的拆迁现场。城市的建设和发展离不开建筑工人的辛勤汗水，他们是开拓者、奠基者。

　　原作背景非常杂乱，主体人物用滤镜中的粗颗粒效果进行了处理，与背景中的金属质感有机地结合，使画面的力度增强，更加突出主题，使之更接近创作意图。制作方法：

　　1. 在 Photoshop 中打开原图。

　　2. 使用图像 – 调整 – 曲线工具和"色相/饱和度"综合调整增加画面的反差和饱和度，选择滤镜中的粗颗粒效果。

　　3. 植入一张钢板墙面的图片，运用蒙版仔细地遮挡将两个人物现出。

　　4. 使用"曲线"和"色相/饱和度"进行综合调整，仔细调整到满意的冷色调。

　　5. 完成制作。

获 2002 年 5 月 第 9 届 "亚洲风采" 华人摄影比赛电脑制作类三等奖

获2001年5月第8届"亚洲风采"华人摄影比赛电脑制作类一等奖

《石板寨记忆》

石板寨的主人世世代代在这里繁衍生息，他们是石板寨的灵魂。像这种类型的作品，在选择素材的时候，最好要选择人物生活的真实环境，这样才能使整个画面融为一体。技巧在这里已经不是最重要的了，更多是对这个地方的人物与环境的感受。制作方法：

1. 打开素材图片，将人物图片拖入石板房的画面中。

2. 按Ctrl+U（勾选着色）改变人物画面的色相，使之呈灰色，同时褪底。

3. 植入其余的素材，放置在石板墙面上，减低透明度50%，同时添加蒙版，使图片之间按视觉要求有机地结合。

4. 单独选取天空的部分，按Ctrl+U（勾选着色）改变画面的色相使之呈冷灰色，按Ctrl+M增加天空的密度。

5. 完成制作。

提示：黑白与彩色的对比产生一种厚重的视觉效果。

图1

图2

图3

图4

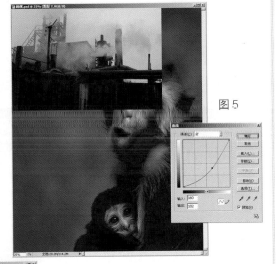

图5

图6

图7

《还我家园》

飞速发展的现代文明不断地侵蚀着自然环境，猴子们的家园也逐渐遭到破坏，作品借动物之口表达了环保的主题。制作方法：

1. 打开图1，在图像一画面尺寸中修改画面大小，按Ctrl+M，调整色调至呈蓝色调。

2. 植入图2的素材，按Ctrl+T调整它的大小到符合需要，按Ctrl+M，调整色调至呈蓝色调，与底图的色调吻合（图5）。

3. 植入图3，操作同上，调整色调至呈蓝色调。添加蒙版，将画笔大小调整适中，流量设置为12，将两张图片合理地融合（图6）。

4. 植入图4，仔细的褪底，用图章工具做出锈蚀的边缘，弯曲的铁杆用分段截取、拼合的方式制作，最后降低透明度至80%（图7）。

5. 完成制作。

81

《天·地·人》

中国古代哲学里有"天人合一"的理念，强调人与自然和谐相处。在道家思想里，天是自然，人是自然的一部分。但由于人制定了各种规章制度、道德规范，使人丧失了原来的自然本性，变得与自然不协调。本作品意在表达打碎这些加于人身上的藩篱，将人性解放出来，重新复归于自然，达到一种"万物与我为一"的精神境界。

图1

图2

图3

图5

图6

图4

图7

图 8

图 9

图 10

图 11

图 12

制作方法：

1. 在桌面上打开所有素材图片。

2. 将图 2、7 拖入到图 4 中，添加蒙版，将不需要的部分遮掉（图 10）。

3. 将图 6 拖入到图 4 中，按 Ctrl+M 调整反差及色调。

4. 继续将图 3、5、8、9 拖入到图 4 中，按 Ctrl+T 调整它的大小到符合需要，同时添加蒙版，将不需要的部分遮掉，在画面里反复运用"曲线"、"色相/饱和"与"亮度/对比度"、添加蒙版等手段，使 9 张图片与背景有机地融合在一起。

5. 完成制作。

提示：技术在这里已经不是最重要的了，关键是要有一个好的理念，和支撑这个理念的视觉元素，不同元素的组合也要符合图像语言的规律。

图1

图2

图3

《山魂》

　　山魂是一种精神，大山深处的人们，背负着生活的重担和希望，一步步地走着，他们是山的主人，也是山的子孙。制作方法：

　　1. 打开图1，用图章工具将老人头巾的部分不断的复制，处理成山石的形状。

　　2. 拖入素材图2，按Ctrl+M调整曲线，进行色彩和反差的调整。

　　3. 添加蒙版，用笔刷将天空的部分按需要进行遮挡，使之与山体有机的融合（图3）。

　　4. 选取天空的部分，使用图像–调整–变化，局部将天空的蓝色调转变成为暖色的色调。

　　5. 作品输出后又用刮刀对人物的面部及天空进行处理，使画面的肌理感更加强烈，更又助于烘托作品的主题。

　　6. 完成制作。

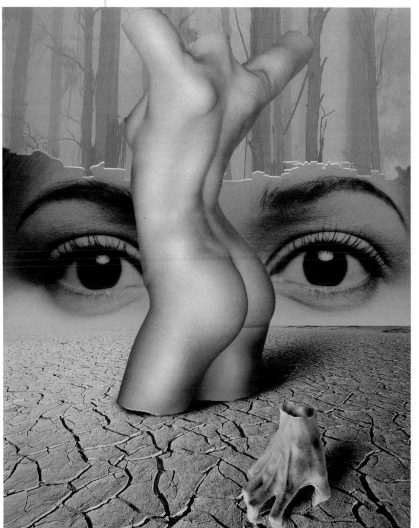

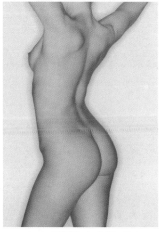
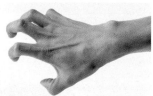

《视线》

透过这双纯净的眼睛，作品表达了希望这个世界没有残缺，没有丑恶，没有世俗的种种束缚，回归自然的美好理想。制作方法：

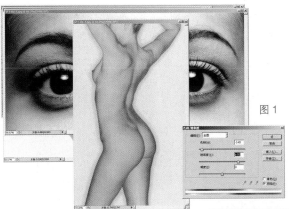

图1

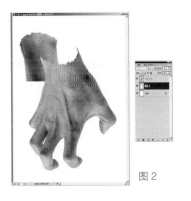

图2

图3

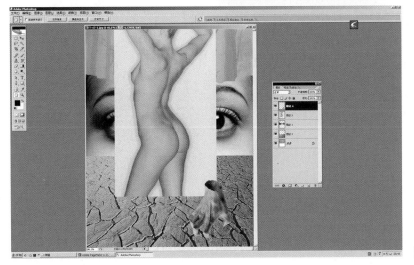

图4

1. 打开人体的素材图片，按Ctrl+U调整色相，成土黄色（图1）。

2. 用图像－模式－灰度菜单，将手的画面转成灰度，然后褪底将手的形状抠出来。

3. 用鼠标画出断裂处的效果，在断裂的部位复制一块手背的皮肤，左右反转一下，用鼠标画出断裂的边缘，放在图层的底层，用加光和减光工具做出断裂面的空间感。注意手和人体的断裂处要符合画面的透视规律（图2）。

4. 新建一个画面，分别植入龟裂的土地、树林、眼睛的素材，在画面里反复运用"色相/饱和"与"亮度/对比度"、添加蒙版等手段将图片有机融合（图3）。

5. 植入手和人体的素材，按Ctrl+T调整大小，控制好透视关系（图4）。

6. 用加光工具在龟裂的土地上做出投影。

7. 完成制作。

《绿色的怀想》

"当最后一片叶子落下时，一切生命就都结束了。"保护绿色就是保护人类自己，我们要从保护绿色做起，构建人与自然的和谐。制作方法：

1. 打开主体的素材，用自动色阶和曲线，调整图片的反差和密度。按Ctrl+U适当调整饱和度。

2. 植入古典画框，按Ctrl+T做出接近45度角的透视。用套索工具勾出画框的厚度，填充深褐色，有些部位用减光工具修饰一下。接着添加蒙版，用笔刷遮挡，透出人物的头部和叶子。

3. 按Ctrl+M调整曲线绿色通道，将树的图片换成绿色，分别与人物的图片拖入新建的20cmx25cm的画面里。

4. 用矩形选择工具在1/2处选取，用笔刷设置流量6，画出一道淡淡的光线，以增加画面的空间感。

5. 完成制作。

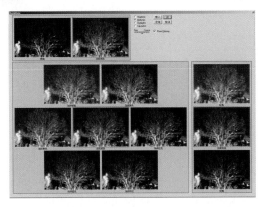

图1

图2

图3

图4

图5

图6

《思维的超越》

　　这件作品用了十几张素材进行合成，传递出思维冲破束缚的理念。制作方法：

　　1. 新建40cmx20cm的长方形画面一个，填充灰绿色，植入图1和图2，顶端用加光工具适当加深天空的密度（图3）。

　　2. 将图4、图5两张图片拖入画面中，调整好比例与大小，图4墙面残缺的部分用套索工具勾选出来删掉，图6的图片按Ctrl+T调整它的透视关系，使墙和地面形成一个空间关系。

91

图7

3. 将图7植入画面中，添加蒙版，将眼睛与海浪的位置重合，将画笔的流量设定在10左右，缓慢地进行融合（图8）。

图8

4. 用矩形选取框填充出两块灰色的色块，将其中一块深灰色的矩形按Ctrl+T调整它的透视关系，同时降低透明度30%，使墙和地面又形成一个三维空间关系，用加深工具将地面做出三角形的阴影部分。再植入图9，褪底，在图层样式里做一个投影（图10）。

5. 植入图11，用魔术棒褪底。复制4个图层，按Ctrl+T调整它们的大小和方向的关系（图12）。

图9

图11

6. 将各种鸽子的图片（图13）拖入画面中，褪底。按Ctrl+T调整它们的大小关系，使画面有一种空间关系（图14）。

7. 植入图15，按Ctrl+T调整它的位置、大小，按Ctrl+M调整蓝色通道的密度，使水花呈蓝灰色，减透明度至70%，添加蒙版将

图10

92

图 12

图 13

图 14

不需要的部分遮挡掉，仔细地透出水珠（图 16）。

8. 完成制作。

提示：画面的构成是将客观对象有机地安排在照片画幅里，使它产生一定的艺术形式，把摄影者的意图和观念表达出来。各个元素之间应相互呼应，主次安排得当，能将技巧融合在创意里面，所有的技巧都应该为创意服务，不能单纯地为了技巧而技巧。

图 15

图 16

93

《空间》

作品将不同空间场景按透视规律进行组合，形成焦点透视的视觉关系，创造出一个全新的空间。

制作方法：

1. 新建20cm×20cm的正方形画面一个，植入一张云的图片，顶端用加光工具适当加深天空的密度（图1）。

2. 植入石墙的素材，按Ctrl+T调整它的大小到符合视觉关系，然后再上下调整位置，找到最佳的透视点，植入老人的素材，按Ctrl+T调整它的高度至石墙相等的位置，同时拉出准确的透视关系（图2）。

3. 植入少女的素材，按Ctrl+T调整它的高度和老人的素材相等，同时也拉出透视关系；按Ctrl+I将图片反向，同时降低透明度至40%（图3）。

图1

图2

95

图3

4.将地面填充成灰色B40,用直线选择工具选择地面的投影位置,用加光工具做出投影的效果(要注意虚实的变化,图4)。

5.植入其他的素材,按Ctrl+T调整它们的比例,处理效果如图5。

6.最后用线段工具拉出透视线,细微的调整一下两张人像的透视角度,让空间感更真实(图6)。

7.完成制作。

图5

图4

图6

获新加坡彩色摄影学会2004年国际影展 FLAP 银奖

《沧桑一页》

　　斗转星移,屯堡六百多年的历史像一部史书展现在我们面前。作品采用了7张图片的构成。制作方法:

　　1. 打开主体的素材,地面和星空, 拖入画面安排好位置, 合并图层, 按Ctrl+M调整曲线红色通道, 使画面呈红色调。按Ctrl+U适当调整饱和度。

　　2. 植入书和头像, 按Ctrl+T调整好它们在画面中的比例,接着添加蒙版,用笔刷遮挡,透出人物的眼睛部分,按Ctrl+U去色,将两个画面转成单色。。

　　3. 植入闪电、云和人物, 按 Ctrl+T调整好它们在画面中的比例,添加蒙版,用笔刷遮挡,透出需要的部分。

　　4. 闪电的部分复制一个图层,将下面的图层执行高斯模糊,半径设置为40 像素。

　　5. 完成制作。

图1

图2

图3

《跨越》

　　这组作品前期拍摄的是一组马的雕塑，虽然马的造型很生动，也具有很强的动势，但是画面灰暗，没有色彩，动感不强。通过后期制作，背景的天空被处理成灰蓝色调，与红色的绸布形成鲜明的对比，画面的色彩也响亮多了，马的动势也得到了很好的体现。框架的运用更使得画面的纵深感得到加强。

制作方法：

　　1. 打开马和红绸的素材，用魔术棒仔细地选取红色的绸布，剪切到马的图片里。按Ctrl+T调整红绸的大小和方向(图1)。用画笔橡皮(设置流量为12)细心地擦除不需要的部分，注意与马头的衔接要自然。

　　2. 植入框架的素材，按Ctrl+T调整它的大小到符合真实的空间关系，然后再上下调整位置，直到找到最佳的透视点(图2)。

图 4

（在合成这类片子的时候，前期的拍摄非常重要，最好选用相同的高度、视点、焦段的图片。）

　　3. 在框架的图层上添加蒙版，仔细地将不需要的部分遮挡掉，按 Ctrl+U 改变色相使之呈蓝色（图 4）。

　　4. 选择马的图层，按 Ctrl+M 在蓝色通道中增加一些蓝色色调，按 Ctrl+U 适当增加一下饱和度。

　　5. 完成制作。

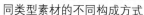
同类型素材的不同构成方式

《星际断想》

　　我们都渴望了解宇宙，了解我们生存的世界，作品发出了新时代的"天问"。制作方法：

　　1. 打开一张天空的图片，按 Ctrl+U 改变色相使之呈蓝色。

　　2. 拖入手拿球体的图片与游泳的图片，按 Ctrl+T 调整游泳图片的大小。同时添加蒙版，将游泳图片的边缘遮盖掉。

　　3. 植入地球的图片，按 Ctrl+T 调整好大小，同时减低透明度至 50%。

　　4. 植入T恤的图片，按 Ctrl+T 调整好大小。复制一个T恤图层，选择滤镜–模糊–动感模糊，按Ctrl+T调整T恤图片的角度，使之符合晃动的感觉。

　　5. 选择滤镜–渲染–镜头光晕，设置亮度为110。

　　6. 完成制作。

《超越》

这是一幅混维空间转换的练习。制作方法：

1. 将瓶子的素材进行选取并褪底，执行选择–修改–扩展，参数设置为88，再进行羽化，羽化值66。

2. 按 Ctrl+I 将瓶子转变成负像效果。将工厂环境的照片用蒙版的方法融入这个素材瓶中。

3. 再植入一只振翅高飞的海鸥，产生奇特的混维视觉效果。

4. 最后新建一个画面，填充50%的灰色，执行滤镜 – 杂色 – 添加杂色，将做好的图片拖入新建的画面中。

5. 完成制作。

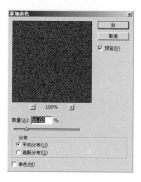

第六章
组合的魅力

　　创作数字影像创意作品可以应用组合形式，集中表现一个专题内容，阐明一个主题形式，探索一种技法，通过一定的结构形式和逻辑联系，多侧面地表现创意思维。内容与形式完美结合，能更出色地创作出有特色的专题组合作品。

　　着手数字影像组合必须要有周密的设计构思，并反复提炼。图像的编辑安排要有突出的结构方式，要有点题照片，要充分发挥数字创意造型的特点，且构成元素搭配合理，突出整体观念，有艺术感染力，力图给人启发与联想。

《逝去的时光》

　　人与自然的和谐相处，是一个永恒的主题。这幅作品采用祭坛式的构图，形成组照的形式，色彩以蓝色为基调，黄色的十字架与整个色调形成强烈的对比，增加了画面死亡的气氛。制作方法：

1. 在 Photoshop 中打开三张鱼的原图。

2. 使用图像－调整－曲线工具，略增加画面的反差（三张图片的反差尽量调整到接近）。

3. 植入一张水泥墙面的图片，运用蒙版仔细地与鱼的图片结合。

4. 使用图像－调整－变化，增加蓝灰色的色彩，使画面呈冷色调，与"曲线"和"色相/饱和度"综合调整，直到找到满意的色调（图2）。

5. 修改中间鱼的画布尺寸，把三张图片组合在一个画面里面，留出白边（要保持三张图片的色调、反差一致，图3）。

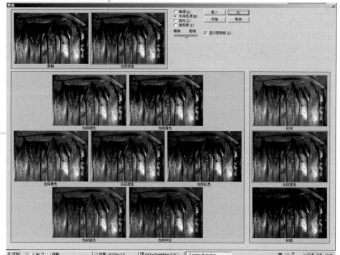

图 1

6. 分别植入所需的素材，在画面里反复运用步骤 4 调整色调与反差，添加蒙版使之与鱼的图片有机结合，运用减光工具进行局部减光，以增加画面的空间感。

7. 完成制作。

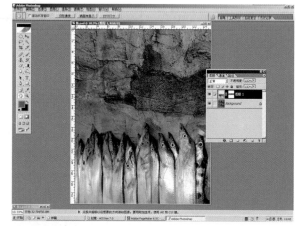

图 2

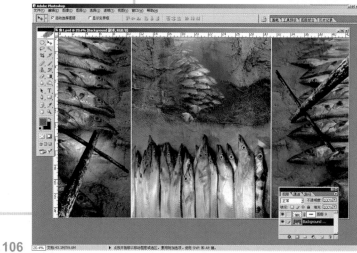

图 3

获2003年5月"数码更精彩"索尼数码摄影大赛一等奖

《戏面人生》

这组图片拍摄于贵州安顺屯堡。地戏由军傩演变而来，屯堡人演出地戏，一是为娱乐，二是为敬神祭祀，驱邪纳吉，早年间还有训练武功、加强战备的作用，一般每年演出两次，一次在春节期间，另一次在7月半谷子扬花的时节。

这组组照的构图形式统一，色调对比强烈，红、黄、蓝、绿的色调正好符合地戏服饰的夸张色彩。整组作品浑然一体，缺一不可，很好地体现出组照的魅力。制作方法：

1.第1、4两张图片是实拍的，使用菜单中的色调/饱和度、曲线等工具进行色彩的调整。

2.第2、3两张图片是合成的，都是运用添加蒙版使两张图片自然地融合。

3.完成制作。

获 2004 年第 13 届奥地利超级摄影巡回展铜牌

《海的呼唤》

组照中的贝壳、螺蛳既提示着与海相关的主题，又由于被反常规地扩大，悬置于干裂的空中而被赋予一种图腾的象征。

由于人体的环境光线不是特别的理想，让人联想起波提切利的作品《维纳斯的诞生》，于是就试着

把人体与贝壳组合在一起。

制作方法：

1. 在桌面上打开一张人体图片。按 Ctrl+U 改变画面的饱和度以及色相，使之呈褐色（图1）。

2. 将人体的图片植入贝壳的照片中，添加图层蒙版，运用喷枪工具仔细地去除人体的背景。

3. 为了达到画面色调的统一，用图像菜单中的色调/饱和度工具调整色彩，将色彩饱和度适当降低，色调调整成土黄色，运用滤镜菜单里的纹理一颗粒，增加颗粒度，使画面看起来有一种怀旧的感觉，从而使画面色调统一。

4. 为了加强画面的肌理效果，又植入一张皮纸肌理的图片，也运用蒙版功能，同时调整透明度将它与背景融合，整个背景

又做出了部分粗颗粒的效果，使之更接近油画的肌理（图2）。

5. 调整人体的色彩。按Ctrl+M，用曲线工具进行调整，将人体的暗部制作成中途曝光的效果，曲线的调整要根据画面效果确定。

6. 完成制作。

图1

图2

图3

《手的创造》

手有着创造一切的神秘力量，他不仅是灵巧的工具，更使思维的主体得以伸展、延续。手势有百态千姿，手上有岁月痕迹……而当手变成作品中的一个设计要素之后，怪诞、突兀而意蕴丰富，达到抽象与具象的有机契合。原作使用尼康F100拍摄。制作方法：

1. 打开握手的图片1。

2. 用图像－模式－灰度菜单，将画

图1

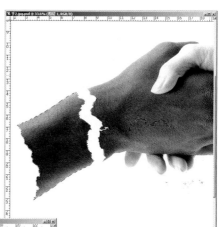

图2

用鼠标画出手的断裂处的效果，画出手上的裂纹，增加滤镜中的粗颗粒效果。

图3

用鼠标画断裂处的时候，要注意手腕处的圆柱形的体积关系。加光和减光时候，要注意光源的方向。

图4

面转成灰度，然后褪底，将手的形状抠出来。

3. 用鼠标画出断裂处的效果，包括画出手上的裂纹，也可以采用现成的闪电的裂纹来做（如图2）。

4. 将断裂的部位复制成两个图层，按Ctrl+T调整断裂部位的角度（如图3）。

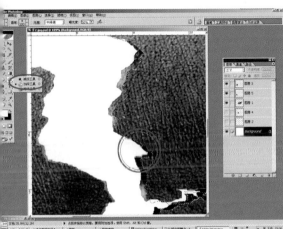

图5

用鼠标移动一下虚线框，适当错位，反选，然后用加光和减光工具做出断裂面的体积感。

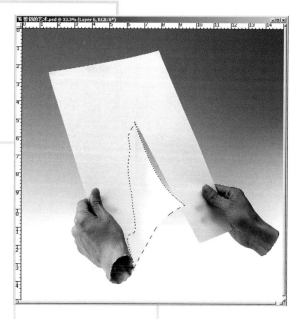

5. 复制两块手的皮肤，左右反转一下，用鼠标画出断裂的边缘，放在图层的底层（图4），用加光和减光工具做出断裂面的空间感（图5）。

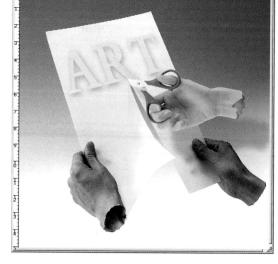

6. 然后分别植入所需的素材，在画面里反复运用色调与反差，添加蒙版等手段将图片有机结合。

7. 完成制作。

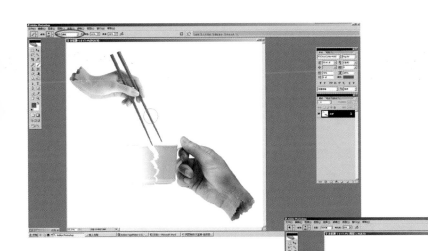

用鼠标移动一下虚线框，适当错位，反选，然后用加光和减光工具做出断裂面的体积感。

注意画面的一些细节，比如投影、光线的方向。

《家乡的人们》

　　这组作品取材于贵州安顺平坝的屯堡以及从江的岜沙苗寨。整组作品采用中景式的构图,加强画面的空间效果,体现出日常生活中的各个方面。作品中的天空与地面作了简化处理,使用Photoshop滤镜中的粗颗粒效果,让画面更具有历史感。同时加上两条不规则的黑色边框,将四幅作品连成一体,强化了作品的整体感。这组作品的原始素材不管从构图、光线、色调来看都非常一般,但由于采用了适当组合方式,体现出了组合的魅力。

获 2004 年 5 月第 11 届"亚洲风采"华人摄影比赛人与自然类一等奖

制作时运用黑白粗颗粒的技法，让画面更具有历史感。制作方法：

1. 在桌面中打开原始图片。

2. 按 Ctrl+Shift+L 做一个自动色阶，自动调整一下密度和反差，使用图像−模式−灰度，将图片转成灰度。

3. 在图像−画布尺寸中修改图片比例，设置成竖构图。

4. 新建一个图层，用套索工具粗略地选择人物以外的空间，填充 70% 的灰度，执行滤镜−纹理−粗颗粒，设置强度为 72，对比度为 52，颗粒类型为常规，同时添加蒙版。

5. 激活人物的图层，执行滤镜−纹理−粗颗粒，设置强度为 33，对比度为 69，颗粒类型为常规，激活刚才的蒙版，设置前景色为黑色，选用不同大小的画笔，压力设置为 8，将

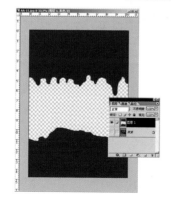

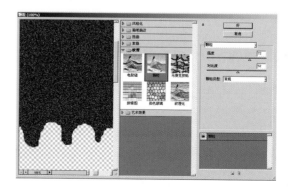

灰色衔接的部分遮挡，透出下面图层的灰色，过渡白然。

6. 合并图层，在滤镜里选择进一步锐化。

7. 边框的制作是用毛笔在宣纸上画上飞白的笔触，然后扫描进电脑里，重新植入图片里，并调整边框的大小，注意边框的形状要有所区别。

8. 完成制作。

获 2005 年 5 月第 12 届 "亚洲风采" 华人摄影比赛佳作奖

《女儿》

　　这组作品在前期拍摄的时候，人物表情与动态就有一种绘画感，所以在后期处理的时候，加上椭圆形的边框，使人物在画面中史加突出，同时也加强了画面的古典美与形式美的统一。制作方法：

　　1. 在桌面中打开素材，复制一个原图图层。

　　2. 将上面的图层 用图像－调整－色相/饱和度菜单，设置成灰色。将下面的图层用图像－调整－自动色阶和色相/饱和度进行调整 。

　　3. 对上面的图层用滤镜－其他－高反差保留选项，设置半径为30像素。

　　4. 按Ctrl+M调整画面的密度、反差。在蓝色通道中增加黄色的色调 。

　　5. 在上面的图层中添加蒙版，用画笔（压力设置为5）将下图需要的部分现出。

6.用加光和减光工具对背景做适当的加深和减淡。

7.重新开一张20cm x 25cm（8英寸x10英寸）的画面,填充成灰绿色。也可以根据具体画面的色调填充成其他颜色。然后用滤镜中的添加杂色效果（设置成单色）,设置数量为8,使画面看起来有肌理感。

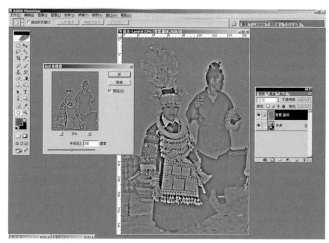

8.用椭圆选择工具最大限度地套选苗女的图片,拖入绿灰色的画面中,按Ctrl+T调整画面的大小,然后对椭圆形的图片用白色描边。

9.最后再用椭圆形的选取线设置羽化值为111,反选,按Ctrl+M调整画面边缘密度,让四个角稍微深一点。

10.完成制作。

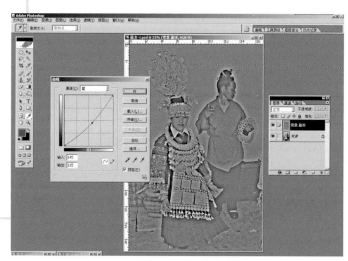

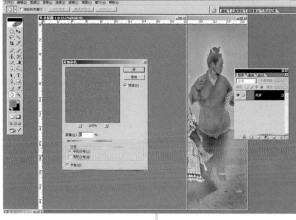

《艺术的灵感》

这组作品前期的拍摄运用了单灯移动光源法，即在拍摄的时候灯光与模特都在移动曝光。残缺的石膏像代表着对艺术的向往，后期合成上去的手象征着对艺术的执着。制作方法：

1.先对手的素材进行处理（方法如《手的创造》中手的制作技巧）。

2.将所需要的素材用剪裁工具，裁成正方形，在Illustrator中选用相应的笔刷导入到Photoshop中，做成画面的边框，并在中间填充成黑色。

3.植入所需的素材，在画面里调整色调与反差，并将背景填充成土黄色。然后用滤镜中添加杂色（设置成单色）效果，设置数量为8，使画面看起来有肌理感。

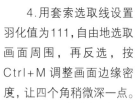

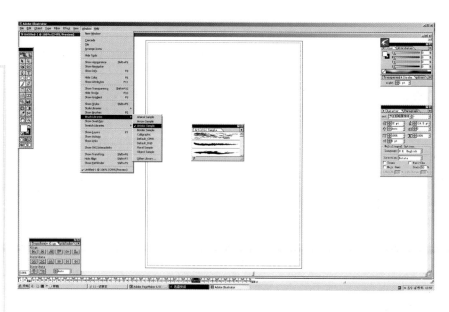

4.用套索选取线设置羽化值为111，自由地选取画面周围，再反选，按Ctrl+M调整画面边缘密度，让四个角稍微深一点。

5.分别植入所需的素材，在画面里反复进行色调与反差、添加蒙版、降低透明度等操作，将图片有机组合。

6.完成制作。

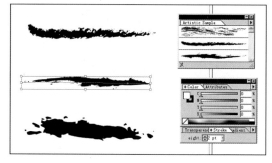

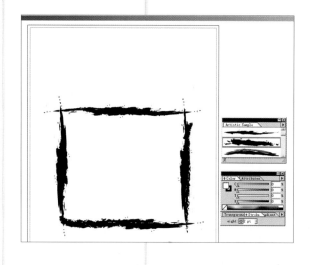

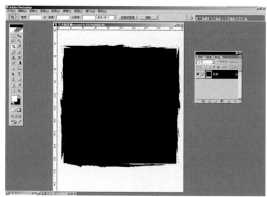

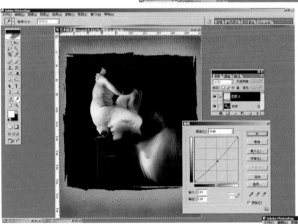

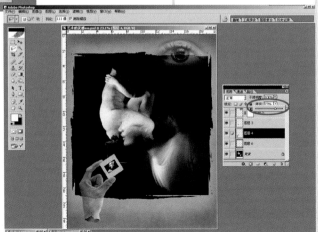

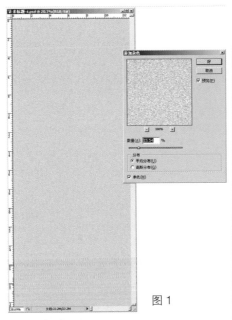

图1

《岁月的记录》

　　这组作品打破了常规的照片比例和构图方式，使画面具有强烈的新鲜感，展现出了组合的独特性。

制作方法：

　　1. 在桌面上先创建个12.5cm×30cm的画面，并填充成土黄色（C10、Y10、M30），然后用滤镜中添加杂色效果（设置成单色），设置数量为8，使画面具有颗粒感（图1）。

　　2. 植入书法文字的素材，在画面里调整色调与反差，使色调与背景协调。

　　3. 将所需要的人像素材导入到画面中，用"色相/饱和度"去色，用"曲线"调整色彩通道，使色调接近背景的土黄色。然后添加蒙版，把不需要的背景遮盖掉（图2）。

　　4. 仔细地调整四个头像的位置，让画面保持平衡。

　　5. 完成制作。

图2

获 2003 年 5 月第 10 届 "亚洲风采" 华人摄影比赛电脑制作类三等奖

《树的记忆》

植物同样有生命，需要得到尊重和关怀，阴阳相生，因果循环，金、木、水、火、土相生相克。原图使用尼康 F100 、80– 200mm 镜头拍摄。制作方法：

1. 在桌面上打开图1、图2。

图1

图2

2. 新建20cm×20cm的一张画面，填充成黑色。

3. 将图1、图2拖入到新建的画面里面。在图2的图层上添加蒙版。

4. 选用适当大小的画笔（设置流量为12）细心地擦除不需要的部分，注意与头部的衔接要自然。

5. 拖入褪了底的老鹰的图片，按Ctrl+T调整好大小，按Ctrl+I将图片反转。

6. 完成制作。

提示：从这组作品中也可以看出数码后期制作并不一定要非常复杂的技巧，更多的还是要在拍摄素材和选择素材上下工夫，从图形图像的语言上下工夫。不同的拍摄角度、不同的光线条件、不同的人物表情等等……都会具有不同的图像语言。在这个过程中要细心地去体会。

获 2005 年 3 月第 4 届 "影像中国" 全国摄影艺术大奖赛创意类三等奖

《月夜》

作品采用统　的色调使整组作品形成一个系列，蓝色调与黄色调的对比，使人体在画面中更加突出，同时也增加了夜晚的气氛。

作品拍摄的时候是白天，原片最大的不足之处就是色彩，人体皮肤的颜

图 1

图 2

色与石头的色彩很接近，使人物主体难以突出。画面经过色彩的调整后，大大改善了视觉效果。制作方法：

1. 在桌面中打开原图（图 1）。

2. 按Ctrlt+L做一个手动色阶，手动调整一下密度和反差。使用图像－调整－色调/饱和度，调整整个画面，适当地将黄色的饱和度提高一点（图2）。复制一张调整后的原图。

3. 使用图像－调整－色调/饱和度，将上一个图层的饱和度设置为－100。

4. 按Ctrl+M弹出曲线对话框，分别设置蓝色通道（输入108/输出160），设置红色通道（输入152/输出97），改变画面的色调（图3）。使用图像－调整－色调/饱和度，调整整个画面，将蓝色的饱和度适当提高一点。

5. 在上一个图层上添加蒙版，设置前景色为黑色，用画笔工具将人体的部分遮挡，透出下面图层的人体肤色，选用不同大小的画笔，压力设置为8，仔细地遮挡，直到满意（图4）。

6. 用钢笔或套索工具将画面门洞的背景褪掉

图3

图4

图5

图6

图7

图8

（图5）。设置羽化值为2，填充一个渐变的蓝色调，模仿月夜下的天空。

7.用圆形的选择工具创建一个月亮的形状，填充成黄色（图6）。再复制一张，将滤镜中的高斯模糊半径参数设置为18，增加画面的光感（图7）。按Ctrl+T调整月亮的大小和角度（图8），使它与整个画面协调。

8.完成制作。

《牛的故事》

这是一组连续式的画面，牛与主人朝夕相处，默默无闻，在沉默中他们互相了解、相互默契。原图使用尼康D100、200mm镜头拍摄。制作方法：

1. 打开一张牛的图片，按Ctrl+U改变画面的饱和度以及色相（勾选着色），使之呈蓝色调。

2. 选择减光工具，设置画笔的大小为400像素，范围为高光，对背景适当的作减光处理。

3. 植入轮子的图片，按Ctrl+U改变画面色相（勾选着色），使之呈蓝色调。最后制作一组不规则的边框，增加画面的重色调。

4. 完成制作。

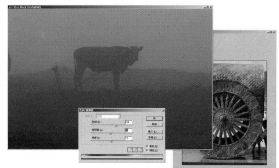

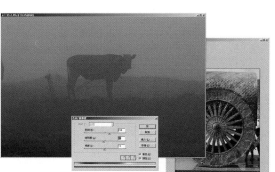

福建科学技术出版社已出版的部分摄影图书

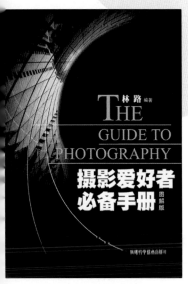

大 32 开　30.00 元

大 32 开　50.00 元

16 开　39.80 元

大 32 开　22.00 元

大 32 开　18.00 元（附赠光盘）

大 32 开　21.00 元

大 32 开　15.00 元（附赠光盘）

大 32 开　45.00 元

福建科学技术出版社已出版的部分摄影图书

大 32 开　50.00 元

大 32 开　28.30 元

大 32 开　23.50 元

16 开　25.00 元

大 32 开　25.00 元

大 24 开　50.00 元

地址：福州市东水路 76 号 8 楼福建科学技术出版社发行科　邮编：350001　电话：0591-87604922　87538425